Dish&Soup

食色·主菜&汤 —味蕾上的视觉飨宴

田井典子 Noriko Tai /石井阳子 Yoko Ishii ● 著

中国旅游出版社

D i s h

业余地专业

常常被身边友人半认真半开玩笑地问，你这么贪吃爱吃，又常常花时间在菜市场放肆地逛、仔细地买，然后跑回自家甚至别人家厨房里舞弄出一桌还算不错的混杂各地口味的菜，这么多年下来兴趣还是有增无减的，看来得赶快经营一家自己的餐馆！大家的好意真的心领了，我这没有受过入厨烹饪技术和餐饮管理专业训练的人，还是好好安守住自己的业余本分吧。这种闲散心情和兴奋状态，相信同道中人如田井典子小姐和石井阳子小姐一定十分了解，应有强烈同感。

在北京的台湾友人家里一次聚餐会上，第一次碰到典子和阳子两位。其实在见面之前，我早在台湾的诚品书店买过两位精心编著的食谱书了，说来我还是忠实读者呢！当时在想，两位日本友人选择到北京生活，一待就是好些年，当中一定有很多有趣的生活经历。而且两位爱好跟我一样，都是以饮食文化作为与外界积极沟通的媒介，大抵说的不是日语也不是普通话，而是一种更贴心更合胃口的国际语言呢！

两位既把自家一向的入厨兴趣演化成事业，同时又游走于局外局内，编著出的食谱阅读和应用起来始终有一种享受家务的愉悦快感，这看来简单随意的日常动作其实需要更精准洗练、更全神贯注，典子和阳子两位在谈笑间都能轻松达到那个理想境界，这也是缘自民族文化背景中对生活传统细节的尊重和传承吧！

期待在北京或者香港某个友人的家里跟两位再相遇，开心吃喝痛快！

应霁

Soup

CONTENT

3 焗烤菜

Baked dishes
p.52

乐味 · 添上派对之美

4 汤菜

Soups
p.78

1
Side dishes
风味副菜

#01 Spanish Omelette

西班牙煎蛋

#02 Salt Shelled Chicken

香草盐烧鸡翅

#03 Ratatouille

杂煮蔬菜

#04 Galette

奶油口蘑焗薄饼

#05 Scotch Eggs

酥香肉蛋团

#01 Spanish Omelette
西班牙煎蛋

西班牙煎蛋

材料(4人份)
INGREDIENTS

鸡蛋 eggs	4个
洋葱 onions	1/2个
土豆 potatoes	2个
火腿 sausage	50克
卡夫芝士粉 parmigiano reggiano	1大勺
牛奶 milk	100毫升
黑橄榄 black olives	10个
橄榄油 olive oil	适量
食盐/胡椒粉 salt & pepper	适量

制作方法

①土豆块浸入清水后捞出沥干；锅中加入适量橄榄油，放土豆块、洋葱丁、火腿块翻炒，再加食盐和胡椒粉调味。

②将鸡蛋打入碗中，加入卡夫芝士粉和牛奶后充分搅拌均匀；

③将调好的蛋液倒入锅内，并充分摇动煎锅，使蛋液均匀流动布满煎锅。

④待煎锅四周的鸡蛋煎烤至金黄时，在蛋饼上方均匀摆放黑橄榄，并将煎锅直接放入烤箱中以180℃烘烤至焦糖色即可。

香草盐烧鸡翅

材料（2人份）
INGREDIENTS

鸡翅 chicken wings	4个
百里香 rosemary/thyme	适量
鸡蛋蛋清 egg white	1个
食盐 salt	250克

制作方法

①适量香草放入食品加工机中打成香草汁。

②将蛋清、食盐加入香草汁中搅拌成盐膏。

③鸡翅洗净后，用盐膏裹好；
放入烤箱中以180℃烤制约40分钟。

④敲开外裹的盐膏即可食用。

MEMO

02 Salt Shelled Chicken
香草盐烧鸡翅

#03 Ratatouille
杂煮蔬菜

杂煮蔬菜

材料
INGREDIENTS

红黄彩椒 paprika	各1个
豆角 string beans	3~4根
西葫芦 zucchini	1/2个
西红柿 tomato	1个
洋葱 onions	1/2个
青椒 green peppers	1个
茄子 eggplants	1/2个
大蒜 garlic	1个
橄榄油 olive oil	适量
月桂叶 bay leaves	适量
鸡精 chicken stock cube	1块
黑橄榄 black olives	适量
水瓜柳 capers	适量

制作方法

①平底锅中倒入橄榄油，放蒜末和月桂叶爆香。

②把红黄彩椒、豆角、西葫芦、西红柿、洋葱、青椒、茄子切块后放入锅中炒熟。

③加清水和鸡精煮约30分钟。
晾凉后盛盘，放水瓜柳和黑橄榄即可食用。

#04 Galette
奶油口蘑焗薄饼

奶油口蘑焗薄饼

材料 INGREDIENTS

材料	用量
口蘑 mushrooms	200克
猪肉 pork	200克
大蒜 garlic	2瓣
柠檬 lemon	1/2个
迷迭香 rosemary	适量
面粉 flour	1大勺
橄榄油 olive oil	适量
食盐/胡椒粉 salt & pepper	适量
卡夫芝士粉 parmigiano reggiano	适量

配菜的准备

1.做好薄饼，用餐巾包好，以免干燥。
2.口蘑切四半，撒点柠檬汁备用。
3.大蒜切末备用。

制作方法

①平底锅里放橄榄油、大蒜末爆香后再放入猪肉煎一会儿上烤色，接着再放口蘑和迷迭香继续炒，待口蘑变熟，放入面粉再炒5分钟左右，用食盐胡椒调味关火。

②铺开薄饼，放入口蘑猪肉馅卷。

③在耐热盘子上放②卷好的薄饼，上面浇上白酱汁，撒上卡夫芝士粉，放入烤箱内以上下火200℃烤制10分钟左右即可。

奶油口蘑焗薄饼

white sauce（白酱汁）

材料

INGREDIENTS

面粉 flour	50克
黄油 butter	50克
牛奶 milk	700毫升
肉豆蔻 nutmeg	少许

制作方法：

①平底锅中放入黄油和筛好的面粉，用文火慢慢炒熟。

②待锅中的材料变糊状，慢慢放入加热好的牛奶稀释面糊搅拌均匀，最后放入少许肉豆蔻，关火备用。

crepe（可丽薄饼）

材料

INGREDIENTS

鸡蛋 eggs	2个
砂糖 sugar	2小勺
食盐 salt	少许
牛奶 milk	250毫升
面粉 flour	100克
膨松剂 baking powder	1/4小勺
黄油 butter	20克

制作方法：

①鸡蛋、砂糖和牛奶放入容器里搅拌均匀。

②将面粉和膨松剂用漏网筛入步骤①的容器里，用搅拌器轻搅拌匀。

③黄油放入耐热容器内，在微波炉低火加热至熔化

④步骤②的面浆以漏网过滤后加入黄油拌匀；冰箱内放置0.5~2小时。

⑤用不粘锅将面浆摊煎成薄饼。

Brunch
滋味·早午餐

双休日，总是清闲自由的。
一觉睡到自然醒，然后带着慵懒起身，
一任阳光和暖洒落身旁。
用心来创作滋味，搅动味蕾与心情，
疗愈的感官，铺满了餐台的美感。
放下工作日的忙碌紧张，来点悠闲自得，
看得见风景的房间里，享用一个迟到的早餐。
时间放缓成静好的岁月，平淡却奢华的幸福，
唇齿留香，意味深长……

健康“轻”享受，乐活早午餐

“轻食”是什么？
果腹、清淡、止饥，分量不多，不加重身体负担。
随着健康风的吹起，轻食主张正带动流行。
忙碌的现代人，可别忘了早午餐的享受！
享受轻食，自然乐活，才是悠闲舒服的时间。

#05 Scotch Eggs
酥香肉蛋团

酥香肉蛋团

材料
INGREDIENTS

材料	用量
鹌鹑蛋 quail eggs	10个
面粉 flour	适量
鸡蛋 eggs	1个
面包屑 bread crumbs	适量
肉馅 minced meat	300克
洋葱 onions	1/2个
鸡蛋 eggs	1个
酱油 soy sauce	适量
食盐/胡椒粉 salt & pepper	适量

制作方法

①将肉馅依个人口味加入酱油、洋葱丁、鸡蛋、盐与胡椒粉使其入味。

②将面粉、面包屑分别放在两个容器中备用；将鸡蛋在容器中打匀成蛋液。

③将鹌鹑蛋煮熟后剥皮，并用肉馅包好团成肉丸状，先放到干面粉中吸去水分，再蘸取适量蛋液放入面包屑中滚匀。

④锅内放色拉油后，加热至180℃左右时，放入肉团炸至金黄色出锅即可。

MEMO

2

Stewed dishes

煮烩菜

#06 Saffron Chicken with Black Rice Risotto
藏红花鸡块黑米烩饭
#07 Porc au Vin
红酒百果肋排
#08 Pot au Fou
法式蔬菜牛肉浓汤
#09 Cardamon Chicken
印度小豆蔻鸡
#10 Ossobuco
意式烩牛腱肉
#11 Chicken Wings Stewed in Cream
奶油浓汤鸡翅
#12 Stewed Oxtail 1
鲜蔬烩牛尾
#13 Stewed Oxtail 2
西式牛尾汤
#14 Pork Shoulder with Greecian sauce
地中海风味德式酸菜烩猪肉

#06 Saffron Chicken with Black Rice Risotto
藏红花鸡块黑米烩饭

藏红花鸡块黑米烩饭

材料(4人份)
INGREDIENTS

鸡腿块 chicken legs	1千克
洋葱 onion	1个
西芹 celery	2根
胡萝卜 carrots	2根
大蒜 garlic	2瓣
黄油 butter	20克
黑米 black rice	1杯

白葡萄酒 white wine	2杯
月桂叶 bay leaves	2张
丁香 cloves	3粒
藏红花 safran	1小勺
食盐/胡椒粉 salt &pepper	适量
清水 water	2杯

配菜的准备

1. 黑米洗净后浸泡在清水里备用。

2. 洋葱、西芹切小块，胡萝卜切小片，大蒜弄碎切末。

制作方法

①煮锅里放黄油，炒洋葱，待洋葱变透明，放鸡块。

②待鸡块变色，放入切好的蔬菜，
再加材料中的所有调味汁，煮30分钟左右。

③将鸡块拿出来搁在烤盘上，放在低温烤箱里保温。

④在拿出鸡块后的煮锅里放黑米，边拌边煮约30分钟。
中间适当加水，将黑米煮软即完成。

#07 Porc au Vin
红酒百果肋排

红酒百果肋排

材料(3～4人份)
INGREDIENTS

猪肋排 pork ribs	约500克
红酒 red wine	200毫升
黄杏 apricots	5～6个
西梅 plums	5～6个
红莓 dried cranberries	适量
鼠尾草 sage	适量
面粉 flour	适量
桂皮粉 cinnamon powder	适量
洋葱 onions	1/2个
橄榄油 olive oil	适量
鸡精 chicken stock cubes	适量
食盐/胡椒粉 salt & pepper	适量

制作方法

①将橄榄油、红酒、鸡精、鼠尾草、盐、胡椒粉、西梅、红莓、黄杏、洋葱片拌成调味汁。

②将肋排在容器中码好，倒入调味汁腌一天左右使其入味。

③将面粉、胡椒粉、盐、桂皮粉经筛网筛细后，放入容器中备用。

④将肋排从调味汁中取出，把步骤③制成的粉料均匀撒在肋排上，放入煎锅中煎成焦黄后取出，再放置在烤箱内以180℃烘烤15分钟。

⑤在步骤④的煎锅内倒入步骤①的调味汁，再加适量红酒、鸡精，然后加热搅拌做成味汁。

⑥将烤制好的肋排码放在盘中，倒入烹制好的味汁与水果，以鼠尾草装饰即可。

#08 Pot au Fou
法式蔬菜牛肉浓汤

08|Pot au Fou 法式蔬菜牛肉浓汤

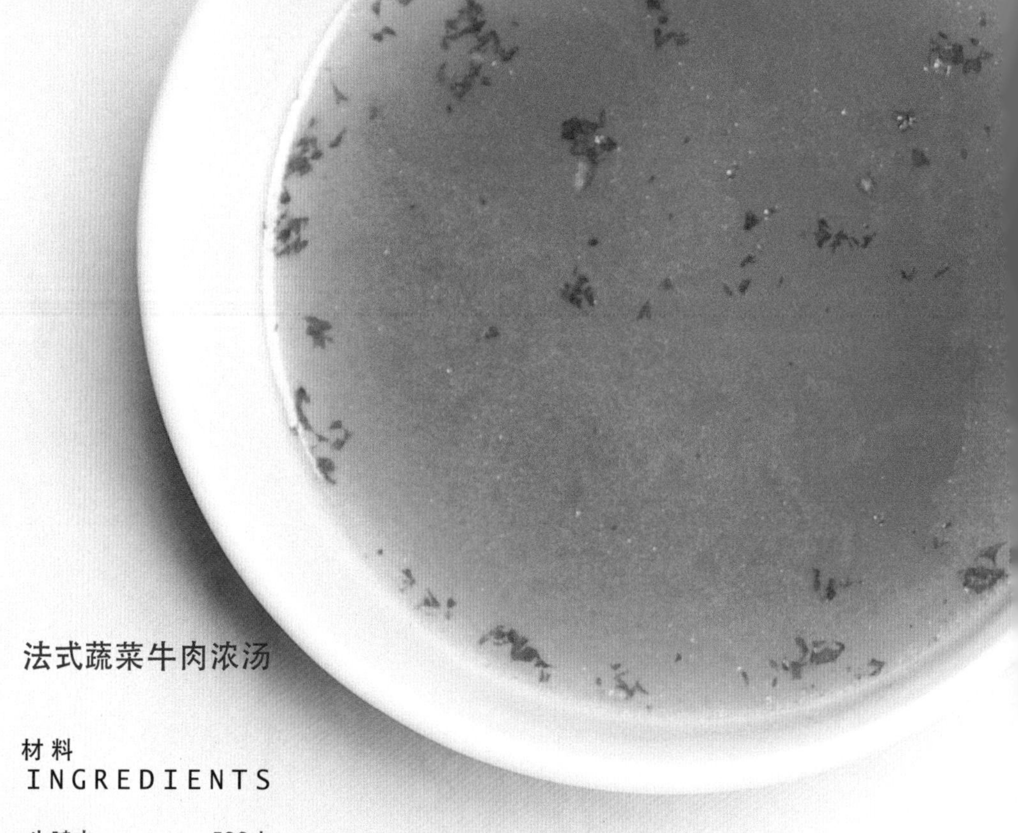

法式蔬菜牛肉浓汤

材料
INGREDIENTS

牛腱肉 beef shin	500克
胡萝卜 carrots	2根
西芹 celery	2根
卷心菜 cabbage	1/2个
土豆 potatoes	4个
洋葱 onion	1个
香肠 sausages	8根
食盐/胡椒粉 salt & pepper	适量

肉类高汤 soup stock	1000毫升
丁香 clove	适量
法香茎 parsley stalks	适量
月桂叶 bay leaves	适量
黑胡椒粒 whole black pepper	适量

配菜的准备

1. 将牛腱肉洗净沥干水分，表面撒盐和胡椒粉放在食器内。

2. 将胡萝卜、西芹切大块，卷心菜留芯切一半，
   土豆削皮，洋葱剥外皮，在皮上插入适量丁香。

制作方法

①平底锅里倒入适量色拉油烧热，
放入牛肉块煎至焦糖色为止。

②在煮锅里，放入步骤①煎好的牛肉块和切好的蔬菜，
再加入肉类高汤、法香茎、月桂叶、黑胡椒粒，
大火煮沸后改文火慢慢煮，
煮的过程中，随时撇去汤表面的浮沫。

③加入适量食盐和胡椒粉调味，
汤里有了从肉和蔬菜渗出来的滋味之后，
最后放入香肠煮一会儿即完成。

④将汤盛入汤碗，肉和蔬菜盛在另外的盘子里，
若撒上黄芥末会更加美味。

08|Pot au Fou 法式蔬菜牛肉浓汤

#09 Cardamon Chicken
印度小豆蔻鸡

印度小豆蔻鸡

材料
INGREDIENTS

鸡腿肉 chicken legs	500克
无糖酸奶 sugar free yogurt	300克
柠檬 lemon juice	1个
姜泥 ginger	2大勺
大蒜泥 garlic	1/2勺
椰浆 coconut milk	1罐
鲜香菜末 coriander	适量
鲜青辣椒 green chili pepper	8个
食盐/白胡椒粉 salt & white pepper	适量
小豆蔻 cardamon	25粒
黑胡椒粒 whole black pepper	1小勺

配菜的准备

1. 将鸡腿肉去皮洗净，沥干水分。
2. 柠檬皮削成末、柠檬肉榨汁备用。
3. 小豆蔻和黑胡椒粒都要磨碎成粉状备用。

制作方法

①在鸡腿肉上用叉子(或刀)扎几下。

②将姜泥、蒜泥、3大勺无糖酸奶、柠檬皮末、小豆蔻粉、黑胡椒粉和适量食盐放入容器里拌匀，再放入鸡腿肉搁置在冰箱里放3个小时或过夜。

③在平底锅里放色拉油加热，将腌好的鸡肉煎至焦糖色，之后放入400毫升椰浆、青辣椒、剩下的无糖酸奶、少许食盐和1/2个柠檬汁，再煮20~30分钟。最后放入剩下的椰浆和1/2柠檬汁调味即可。

④上餐桌前撒上鲜香菜末。

Spice
调味·食出好香来

烧、煮、烩、炸、炒为烹，
酸、辣、鲜、甜、咸是调。
咖喱、辣椒、黑胡椒、豆蔻、丁香、生姜、大蒜、茴香、肉桂……
万千好味调料，只等你来引导。
细密出味，更平添些世界美食的情调。
要知道烹饪亦是艺术，调味更是学问。
生活鲜香，果然是需要调和的。

#10 Ossobuco
意式烩牛腱肉

10|Ossobuco 意式烩牛腱肉

#10 Ossobuco
意式烩牛腱肉

意式烩牛腱肉

材料
INGREDIENTS

带骨牛腱肉 beef shin	400克

腌渍汁：

白葡萄酒 white wine	100毫升
食盐/胡椒粉 salt & pepper	适量

洋葱 onions	2个
黄油 butter	40克
丁香 cloves	5个
月桂叶 bay leaves	2～3片
胡萝卜 carrot	1根
西芹 celery	1根
大蒜 garlic	3瓣
番茄罐头 tinned tomato	1罐
白葡萄酒 white wine	100毫升
肉汤块 soup stock cubes	2个
清水 water	500毫升
食盐/胡椒粉 salt & pepper	适量

gremolata（意式香碎调味料）：

法香末 parsley	适量
鳀鱼 anchovy	4条
大蒜 garlic	2瓣
柠檬皮 lemon zest	1个份

配菜的准备

1. 将牛腱肉浸泡在腌渍汁里放入冰箱搁置一天。

2. 洋葱按纤维方向切薄片，与黄油、丁香、月桂叶一起放入煮锅里，用文火炒至焦糖色。

3. 胡萝卜、西芹切块，大蒜切末。

4. 意式香碎调味料里的法香、鳀鱼、大蒜切小碎，柠檬皮用磨碎器磨成末后，所有材料搅拌在一起备用。

制作方法

①将准备步骤2中炒好洋葱的锅里放入准备步骤3中切好的蔬菜，继续炒一会儿。

②平底锅里放入适量黄油，再放入沥干水分的腌好的牛腱肉，煎至焦糖色。煎好后取出搁置一边。

③在取出肉后的②的平底锅里直接放入面粉，继续用文火炒至褐色，注意不要炒糊。

④在①煮锅里放入②牛腱肉、番茄罐头、白葡萄酒、肉汤块、清水，煮2小时左右。

⑤在③的褐色面糊平底锅里放入一些④的汤，稀释后再放回④的锅里，继续煮一会儿。

⑥等牛腱肉煮软，放入4的意式香碎调味料，再放些食盐、胡椒粉调味即可。

#11 Chicken Wings Stewed in Cream
奶油浓汤鸡翅

奶油浓汤鸡翅

材料（4人份）
INGREDIENTS

翅根 chicken wings	15个
胡萝卜 carrots	2根
土豆 potatoes	3个
法香 parsley	50克
洋葱 onions	3个
口蘑 mushrooms	300克
牛奶 milk	800毫升
清水 water	1000毫升
鸡精 chicken soup stock	适量
白葡萄酒 white wine	适量
月桂叶 bay leaves	适量
丁香 cloves	适量
黄油 butter	60克
面粉 flour	40克
食盐/白胡椒粉 salt & white pepper	适量

制作方法

①将鸡翅洗净沥干水分，放入食盐、白胡椒粉、白葡萄酒腌渍入味。

②在锅中放40克黄油，待熔化后放入面粉炒熟；
将800毫升牛奶逐次加入并搅拌均匀。

③将鸡翅裹匀面粉，放入煎锅以中火煎熟后取出备用。

④汤锅中放入20克黄油，倒入洋葱翻炒，再加入土豆、
胡萝卜、白胡椒粉、鸡精、水1000毫升，
以及法香、月桂叶、丁香4～5粒调味，小火煮约15～20分钟。

⑤在汤中放入煎好的鸡翅、口蘑，再放入步骤②的奶汤，
小火煮30分钟即可起锅。

MEMO

MEMO

#12 Stewed Oxtail 1

鲜蔬烩牛尾

鲜蔬烩牛尾

材料（4人份）
INGREDIENTS

牛尾 oxtail	4段
土豆 potatoes	2个
胡萝卜 carrots	2根
洋葱 onion	1个
西芹 celery	1根
色拉油 salad oil	适量
酱油 soy sauce	少许
味淋 mirin	少许
鸡精 chicken soup stock	少许
食盐/白胡椒粉 salt & white pepper	适量

制作方法

①将牛尾洗净放入煮锅中，
加入足量水以大火煮开。
水开后撇去浮沫继续煮5分钟关火，
捞出牛尾后保留肉汤备用。

②炒锅中放适量色拉油，
油热后依次放入洋葱和牛尾炒熟。

③将胡萝卜、土豆切块，西芹切段备用。
把胡萝卜块、土豆块和西芹段的一半放入
步骤①的肉汤中，以文火炖煮约5个小时，
撇去汤表面浮沫以去除腥味。

④将步骤②中炒熟的牛尾放入煮锅内，
再放入余下的胡萝卜块、土豆块和西芹段，
加入适量步骤③的牛肉汤，
用酱油、味淋、食盐和鸡精调味后，
以文火煮制30分钟即可。

#13 Stewed Oxtail 2 西式牛尾汤

西式牛尾汤

材料(4人份)
INGREDIENTS

牛尾 oxtail	800克
红酒 red wine	400毫升
洋葱 onion	1个
西芹 celery	1段
口蘑 mushrooms	5～10片
胡萝卜 carrot	1根
土豆 potato	1个
培根 bacon	30克
意式番茄罐头 tinned whole tomatoes	1罐
月桂叶 bay leaves	适量
百里香 thyme	适量
丁香 clove	适量
大蒜 garlic	3瓣
法香 parsley	适量
鲜奶油 fresh cream	少许
黄油 butter	少许
食盐/白胡椒粉 salt & white pepper	适量

制作方法

①将牛尾洗净沥干水分，表面撒盐和白胡椒粉，放在容器内，加洋葱、西芹、胡萝卜、大蒜、月桂叶、百里香、法香、丁香、红酒腌渍一天入味。

②将腌渍好的牛尾取出沥干，表面沾上面粉；在锅中倒少许油把牛尾煎熟后取出。

③用煎牛尾的油将腌好的蔬菜炒熟。随后将牛尾、蔬菜及腌渍牛尾用的红酒一起倒入锅中炖煮。

④以大火煮开后改用小火煮3个小时。

⑤将洋葱切片、土豆切大块、西芹切小段，口蘑、胡萝卜切片，意式番茄罐头打开备用，把培根切成小片。先将培根煎熟，再依次放入口蘑、洋葱、西芹、土豆、胡萝卜、意式番茄翻炒。

⑥把煮好的牛尾汤用滤网过滤，将牛尾拣出放入步骤⑤的锅内，把牛尾汤也倒入锅内(其余的汤倒掉)。锅内加水适量没过牛尾即可，继续煮1个小时。

⑦牛尾汤煮好后盛盘，撒适量法香，淋上鲜奶油即可。

#14 Pork Shoulder with Greecian sauce
地中海风味德式酸菜烩猪肉

#14 Pork Shoulder with Greecian sauce
地中海风味德式酸菜烩猪肉

地中海风味德式酸菜烩猪肉

材料
INGREDIENTS

材料	用量
猪肩肉 pork shoulder	500克
德式酸菜 sauerkraut	300～400克
葡萄 grape	150克
西红柿 tomato	1个
红彩椒 paprika	1个
胡萝卜 carrot	1/3根
青豌豆 green peas	适量
白葡萄酒 white wine	1杯
柠檬汁 lemon juice	1大勺
橄榄油 olive oil	适量
清水 water	1杯
月桂叶 laurier	适量
丁香 clove	适量
孜然 cumin	适量
肉豆蔻 nutmeg	1小勺
食盐/胡椒粉 salt & pepper	适量

配菜的准备

1.在大块猪肉上搓些食盐和胡椒粉，放上月桂叶之后，用保鲜膜包好，在冰箱里搁置3小时以上使其入味。

2.将葡萄剥皮去籽，西红柿切块，红彩椒放入烤箱内以上下火200℃烤制上色。

制作方法

①在平底锅里放些橄榄油，加热之后放入准备好的猪肉块，煎至上色。

②放入丁香、孜然、肉豆蔻、白葡萄酒，加热沸腾后，再放准备好的葡萄和西红柿搅拌均匀。

③步骤②的猪肉上面摆好胡萝卜，铺上德式酸菜，加入柠檬汁和清水，慢火煮约40分钟。

④待煮汁减少、猪肉变软，加上烤好的红彩椒及青豌豆，再煮一会儿。
最后用食盐、胡椒粉调味，如果觉得酸味不够，可另加入少许葡萄酒醋调整。

⑤将猪肉盛在盘中后，浇上煮汁即可。

3

Baked dishes
焗烤菜

#15 Orange Chicken
橙香鸡腿
#16 Herb Roasted Chicken
香烤鸡腿
#17 Tandoori Chicken
印度烤鸡
#18 Gai Yang(Thai Barbeque chicken)
泰国烤鸡
#19 Roasted Chicken
烤整鸡
#20 Meatloaf
千层牛肉馅饼
#21 Tomato Doria
番茄芝士焗饭
#22 Stuffed Paprika
彩椒焗肉丸
#23 Lasagna
意式千层茄子
#24 Stuffed Pumpkin
浓香南瓜盅
#25 Gemistes
希腊味酿夏蔬

#15 Orange Chicken
橙香鸡腿

橙香鸡腿

材料(4人份)
INGREDIENTS

翅根 chicken legs	2个
橄榄油 olive oil	适量
大蒜 garlic	适量
鱼胶粉 gelatin	适量
食盐/胡椒粉 salt&pepper	适量

MARINADE SAUCE(腌渍汁)

橙子 orange peels+orange juice	1个
洋葱 onions	1/2个
百里香 thyme	适量
迷迭香 rosemary	适量
白葡萄酒 white wine	适量
食盐/胡椒粉 salt&pepper	适量

配菜的准备

1.橙肉榨汁，橙皮、洋葱切丝，然后与白葡萄酒、百里香、迷迭香、食盐、胡椒粉一起调配成腌渍汁。

2.沥干鸡腿上的水分，打花刀，再用手将盐和胡椒粉均匀搓抹在鸡腿上。

3.将处理好的鸡腿放入腌渍汁中腌渍入味(半日或一整日)。

制作方法

①在煎锅内倒适量橄榄油，加入蒜末爆香；将鸡腿从腌渍汁中取出，沥干多余水分以小火煎烤。
待鸡腿煎至金黄色再加入橙皮翻炒，最后放入腌渍汁炖煮约5分钟。

②炖煮后的汤汁中加少量白葡萄酒，加热片刻后关火，
放入鱼胶粉(比例为200毫升：4克)，拌匀熔化后，放冰箱里冷藏待其凝固。

③取出鸡腿放入烤箱，以180℃烘烤约20分钟，烤至表面焦黄干脆即可。

④将鸡腿摆盘，把步骤②的冻鸡汤淋洒在烤制好的鸡腿上。

香烤鸡腿

材料（4人份）
INGREDIENTS

材料	用量
鸡腿肉 chicken legs	约800克
口蘑 mushrooms	约20个
洋葱 onions	150克
橄榄油 olive oil	2大勺
大蒜 garlic	1瓣
意大利食醋 balsamic vinegar	2大勺
柠檬汁 lemon juice	1小勺
食盐 salt	2小勺
黑胡椒粒 whole black pepper	适量
白胡椒粉 white pepper	适量
迷迭香草 fresh rosemary	适量
百里香草 fresh thyme	适量

配菜的准备

1. 鸡腿肉洗净去皮备用。
2. 口蘑洗净切片备用。
3. 洋葱切丁，大蒜切末。

口蘑酱的制作

1. 炒锅中放橄榄油，待油热后放大蒜爆香，
   再放入洋葱炒熟。
   加食盐、迷迭香草和黑胡椒粒调味。
2. 放入口蘑、意大利食醋和柠檬汁炒熟即可。

制作方法

①用刀沿鸡腿骨边缘将鸡腿肉切开。

②鸡腿肉里外抹盐、
白胡椒粉和橄榄油腌渍20分钟。

③将洗净的迷迭香草和百里香草
塞到切开的鸡腿肉内，用牙签缝好。

④将鸡腿肉置于烤盘上，
放入烤箱以上下火160℃，烤制45分钟左右。

⑤将口蘑酱淋洒在烤制好的鸡腿肉上即可。

MEMO

#16 Herb Roasted Chicken
香烤鸡腿

#17 Tandoori Chicken
印度烤鸡

印度烤鸡

材料（4人份）
INGREDIENTS

材料	用量
鸡腿肉 chicken legs	500克
MARINADE SAUCE（腌渍汁）	
无糖酸奶 sugar free yogurt	100克
柠檬汁 lemon juice	2大勺
姜末 ginger	1大勺
大蒜末 garlic	1大勺
鲜香菜末 coriander	1大勺
干辣椒 red chili powder	1大勺
孜然 cumin seeds	1小勺
肉桂粉 cinnamon powder	1小勺
丁香 clove	1小勺
小豆蔻 cardamon	1小勺
鲜红辣椒 red chili pepper	3个
食盐/胡椒粉 salt & pepper	适量

配菜的准备

1.鸡腿肉去皮洗净，沥干水分。

2.把所有香辛料磨碎成粉状备用。

制作方法

①在鸡腿肉上用叉子（或刀）扎小孔。

②将腌渍汁中所有材料放入容器里拌匀，
再放入鸡腿肉搁置在冰箱内冰冻3个小时以上。

③将鸡腿放入烤箱，以200℃烘烤约40分钟，烤至肉汁变透明即可。
上餐桌，添加柠檬汁与鲜香菜末。

#18 Gai Yang

(Thai Barbeque Chicken)

泰国烤鸡

泰国烤鸡

材料(4人份)
INGREDIENTS

鸡腿 chicken legs	2个
柠檬或青柠汁 lemon or lime juice	适量
香菜 coriander	适量
薄荷叶 mint leaves	适量

MARINADE SAUCE(腌渍汁)

牛奶 milk	160毫升
椰浆 coconut milk	4大勺
鱼露 fish sauce	2大勺
鲜酱油精 seasoning sauce	4大勺
柠檬汁 lemon juice	1大勺
姜黄粉 turmeric	1小勺
蚝油 oyster sauce	1小勺
柠檬草 lemongrass	1根
砂糖 sugar	少许

配菜的准备

鸡腿肉洗净切段，沥干水分。

制作方法

①将腌渍汁所有材料放入容器里拌匀，
再放入鸡腿肉搁置在冰箱中一晚上。

②第二天取出腌渍好的肉后放入烤箱，以200℃烘烤约30~40分钟，
烤至肉汁变透明即可。

③上餐桌，撒上柠檬(青柠)汁，配香菜、生菜等即可。

Home Party
乐味·添上派对之美

长假陆续将至，轻松节日氛围，何不邀来三五个挚友六七个亲朋？
聚餐时，推杯换盏，笑语欢声，好不令人艳羡的乐意时光！
牵动起恬淡的笑容，铺排开美丽的餐桌，摆列出精美的餐碟，
烛光一点，便是家庭派对的精妙开场。
派对主人的美味和用心，也放进客人们的美食记忆里去了。

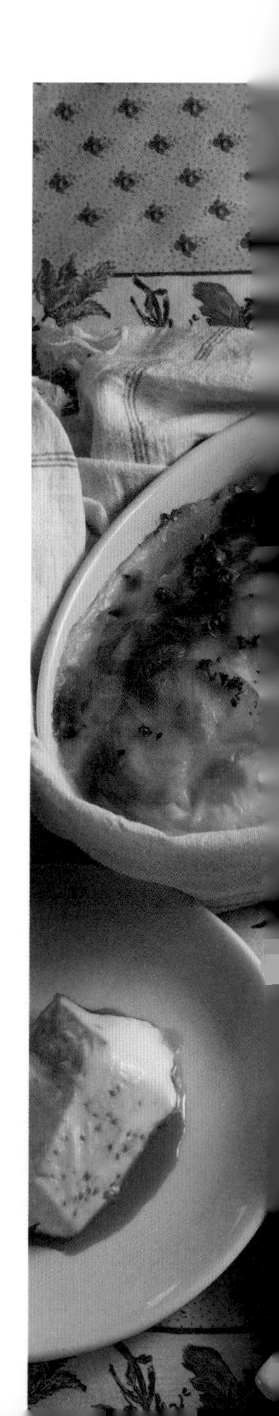

#19 Roasted Chicken
烤整鸡

烤整鸡

材料 INGREDIENTS

整鸡 whole chicken	1只
糯米 sticky rice	1杯
西芹 celery	1/2棵
胡萝卜 carrot	1/3根
洋葱 onion	1/2个
口蘑 mushrooms	3个
肉味高汤 soup stock	1杯
食盐/胡椒粉 salt & pepper	适量

饰盘：

煮蛋 boiled eggs	6个
西兰花 broccoli	1棵
樱桃西红柿 cherry tomatoes	10个

配菜的准备

1. 将糯米用清水浸泡5～6小时，沥干水分备用。
2. 将整鸡取出内脏洗净，沥干水分，撒足量食盐和胡椒粉腌渍入味备用。
3. 锅内放入少量食盐和水，将西兰花过盐开水汆烫，可保持其鲜脆口感，沥干水分。
4. 胡萝卜、西芹、洋葱、口蘑切末备用。

制作方法

①平底锅烧热，放适量色拉油，翻炒准备步骤4的所有蔬菜末，再放入准备步骤1的糯米，炒至糯米变得透明为止。

②平底锅里加入高汤，继续炒至收干汤汁，关火搁置放凉。

③将炒好的糯米蔬菜碎，从后部塞入到整鸡腹内，最后用棉线捆紧鸡脚。

④鸡身均匀涂抹一层色拉油，连同煮好的鸡蛋放在烤盘上，入烤箱内以210°C烘烤1小时20分钟。

⑤用竹签扎一下，鸡身流出透明肉汁时即已烤好。

⑥取出盛盘，周边摆放烤蛋、西兰花、樱桃西红柿装饰即可。

千层牛肉馅饼

材料(8～10人份)
INGREDIENTS

培根 bacon	4～5片
a.牛肉馅	
牛肉馅 minced meat	300克
口蘑 mushrooms	3～4个
洋葱 onion	1个
番茄酱 tomato ketchup	2大勺
面包屑 breadcrumb	30克
肉豆蔻 nutmeg	适量
食盐/胡椒粉 salt & pepper	适量
b.鸡蛋通心粉	
鸡蛋 eggs	2个
通心粉 macaroni	50克
土豆 potatoes	1个
淡奶油 fresh cream	2大勺
食盐/胡椒粉 salt & pepper	适量
c.南瓜泥	
南瓜 pumpkin	1/4个
豌豆 green peas	适量
食盐/胡椒粉 salt & pepper	适量

制作方法

①馅料的制作：将以下材料分别在容器中拌匀调好备用。
a.牛肉馅、炒好的洋葱丁、番茄酱、面包屑、
炒好的口蘑、肉豆蔻、食盐、胡椒粉；
b.煮鸡蛋碎、土豆泥、鸡蛋、鲜奶油、通心粉、食盐、胡椒粉
c.南瓜泥、豌豆、食盐、胡椒粉。

②在容器内铺匀培根片，按照a～c的顺序依次将馅料铺好，
最上面以培根片铺平，
放入烤箱中以220℃烘烤约25～30分钟即可。

番茄芝士焗饭

材料(4人份)
INGREDIENTS

材料	用量
西红柿 tomatoes	500克
洋葱 onions	200克
胡萝卜 carrots	120克
大蒜 garlic	3瓣
米饭 steamed rice	2小碗
橄榄油 olive oil	适量
白葡萄酒 white wine	适量
马苏里拉芝士片 mozzarella cheese	适量
法香末 parsley	适量
食盐/胡椒粉 salt & pepper	适量

white sauce (白酱汁)

材料	用量
面粉 flour	50克
黄油 butter	50克
牛奶 milk	700毫升
肉豆蔻 nutmeg	少许

配菜的准备

1. 西红柿切小块，洋葱、胡萝卜切末。

2. 白酱汁的制作
   平底锅中放入黄油和筛好的面粉，用文火慢慢炒熟。待其变糊状，慢慢放入加热好的牛奶，稀释面糊搅拌均匀，最后放入少许肉豆蔻，关火备用。

制作方法

①在平底锅中倒入橄榄油、蒜末，待油热起香，再放入洋葱、胡萝卜、西红柿炒熟，放入适量白葡萄酒煮一会儿。

②将白米饭用微波炉加热，放入①里翻炒搅拌均匀，再用食盐和胡椒粉调味，关火。

③在耐热容器里，倒入②的炒饭，上面摆几片西红柿，浇上准备好的白酱汁，再放上适量马苏里拉芝士片，放入烤箱内以上下火200℃烤制20分钟左右，芝士上面变成金黄焦色即可，取出以法香末点缀。

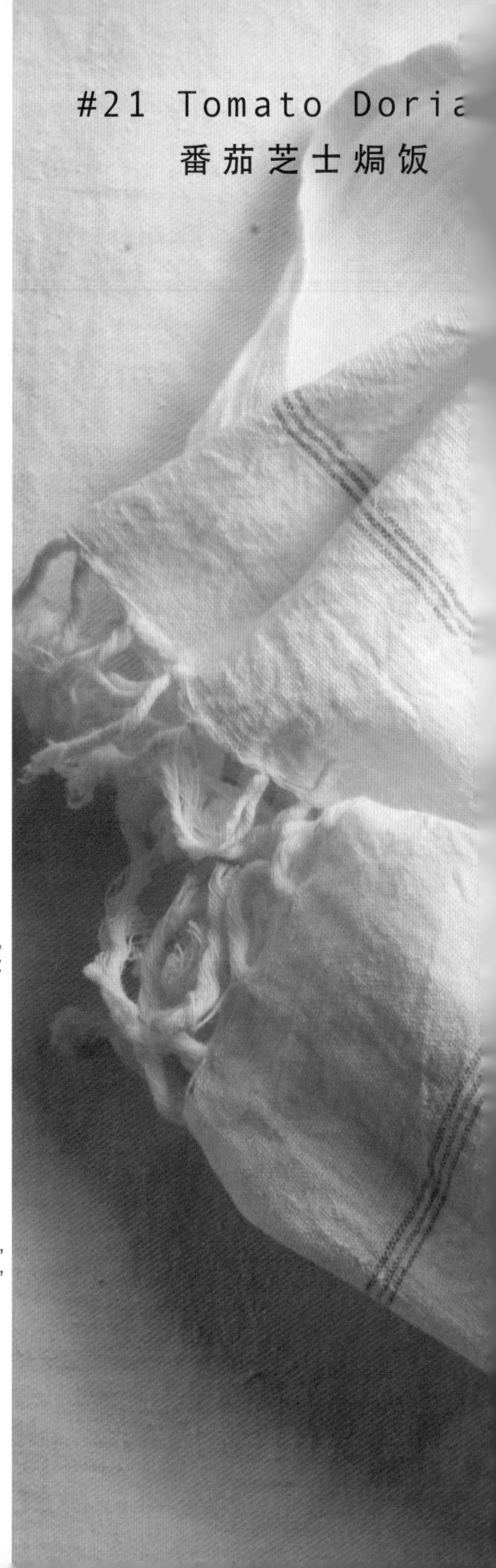

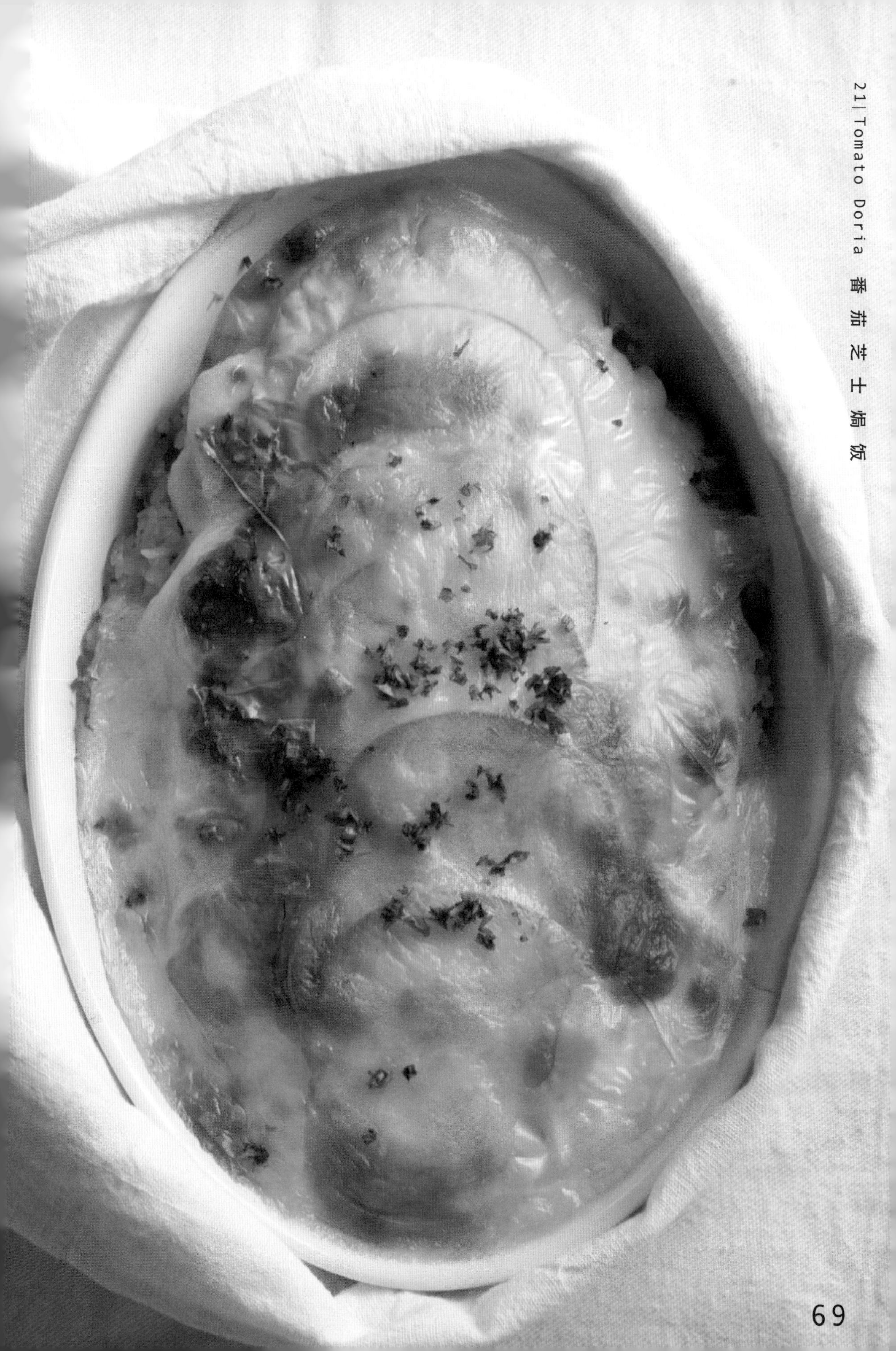

21| Tomato Doria 番茄芝士焗饭

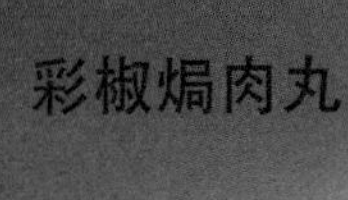

彩椒焗肉丸

材料
INGREDIENTS

彩椒 3个
green/ red/ yellow pepper

肉馅 250克
minced pork

洋葱 1个
onion

茄子 1个
eggplant

大蒜 50克
garlic

鸡蛋 2个
eggs

面包粉 50克
bread crumbs

卡夫芝士粉 适量
grated cheesee[parmigiano reggiano]

色拉油 适量
salad oil

鸡精 少许
chicken soup stock

黑/白胡椒粉 适量
black & white pepper

食盐 少许
salt

制作方法

①彩椒洗净沿中间横切开，去掉辣椒籽
和中间白色海绵部分。
洋葱洗净切碎，
茄子洗净去皮切小块用微波炉微软备用。
大蒜切末。

②炒锅中倒入色拉油，待油热后放入
蒜末爆香，再放入洋葱、茄子炒熟，
加食盐、鸡精调味。

③将步骤②炒好的洋葱和茄子
放入到肉馅中，再放入鸡蛋和面包粉搅拌均匀。

④将步骤③的肉馅填塞到切开的彩椒内，
再撒卡夫芝士粉，
然后放入烤箱以上下火170℃烤制25分钟左右。

#22 Stuffed Paprika
彩椒焗肉丸

#23 Lasagna
意式千层茄子

意式千层茄子

材料（4人份）
INGREDIENTS

材料	用量
圆茄子 eggplants	2个
肉馅 minced meat	100克
洋葱 onions	1/2个
面包粉 bread crumbs	1小勺
鸡蛋 eggs	1个
番茄酱 tomato ketchup	适量
肉豆蔻 nutmeg	适量
月桂叶 bay leaves	适量
食盐/胡椒粉 salt & pepper	适量
马苏里拉芝士 mozzallera cheese	100克
西葫芦 zucchini	1/2个
彩椒 paprika	1/2个
橄榄油 olive oil	适量
大蒜 garlic	2瓣

配菜的准备

1. 洋葱切成细末以色拉油翻炒至透明。

2. 西葫芦切成厚约1.5厘米的片。

3. 彩椒切成块状；
   茄子切成约2厘米厚的圆片放入清水中备用。

制作方法

①肉馅放入锅中翻炒，加入洋葱末、面包粉、番茄酱、鸡蛋后继续炒熟。
待炒出香味后放入肉豆蔻、食盐和胡椒粉调味。

②茄子片从水中取出，沥干水分；将茄子、炒制好的肉酱、马苏里拉芝士依次垒叠，
最后将茄蒂放在最上端盖好，
放入烤箱内以180℃烘烤25~30分钟。

③选用干净煎锅放橄榄油将蒜末炒香，
放入西葫芦、彩椒煸炒，
加入食盐和胡椒粉、月桂叶后以小火蒸煎。

④将做好的西葫芦摆放盘中做底垫，
将烤制好的千层茄子置于西葫芦上，
周边辅以彩椒装饰即可。

MEMO

#24 Stuffed Pumpkin

浓香南瓜盅

浓香南瓜盅

材料（4人份）
INGREDIENTS

材料	用量
南瓜[中型] pumpkin	1个
洋葱 onion	1/4个
肉馅 minced meat	500克
鸡蛋 egg	1个
卡夫芝士粉 parmigiano reggiano	适量
肉豆蔻 nutmeg	适量
大酱 miso	1大勺
番茄酱 tomato ketchup	1/2大勺
红彩椒 red paprika	适量
法香 parsley	适量
食盐/胡椒粉 salt & pepper	适量

制作方法

①将洋葱切成碎末，加入盐和胡椒粉以色拉油炒熟。

②南瓜自瓜蒂下横剖开，留下瓜蒂做盖子。取出瓜瓤和种子，将里面洗净。

③在容器中将步骤①及肉馅等各种材料充分搅拌均匀直至变黏。

④将肉馅等放入南瓜中，用保鲜膜将其包好，微波炉高温加热3分钟。

⑤取下保鲜膜，加红彩椒丝做装饰，放入烤箱中以200℃烤制约30分钟即可。

希腊味酿夏蔬

材料
INGREDIENTS

西红柿 tomatoes	6个
西葫芦 zucchini	3个
[A]	
橄榄油 olive oil	1大勺
大米 rice	2/3杯
薄荷叶 mint leaves	1/3杯
法香 parsley	1/3杯
莳萝 dill	1/3杯
食盐/白胡椒粉 salt & white pepper	适量
希腊菲塔羊乳酪 feta cheese	适量
柠檬 lemon	适量
橄榄油 olive oil	适量
清水 water	1杯

#25 Gemistes(Stuffed Vegetables)
希 腊 味 酿 夏 蔬

配菜的准备

1. 将西葫芦切成一半，西红柿去除蒂，之后把两种蔬菜里面的果肉掏空。

2. 将挖出来的西红柿果肉切成小块备用。

制作方法

①将[A]所有材料放在一起搅拌，再放入西红柿和西葫芦果肉搅拌均匀，搁置约10分钟入味。

②在准备好的蔬菜容器里放满步骤①的馅。

③在烤盘上放入适量清水与橄榄油，放好步骤②的蔬菜，在蔬菜上面盖一张锡纸，放入烤箱，以250℃烘烤约30分钟。烤制中，适当地加热水保持烤盘里的水量。

④将蔬菜上面的锡纸盖拿下来，以200℃继续烘烤约30分钟。

⑤将希腊菲塔羊乳酪放在蔬菜上面，烤箱温度调到150℃继续烘烤约30分钟。

⑥上餐桌，挤上柠檬汁即可完成。

4

Soup

汤菜

#26 Gazpacho
红蔬冷汤
#27 Vegie Soup
蔬菜红汤
#28 Onion Gratin Soup
圆葱芝士汤
#29 Red Cabbege Soup
紫蔬奶油汤

Halloween soup
（万圣夜汤）

#30 Pumpkin Soup
南瓜浓汤
#31 Eye-popping Soup
醒目番茄汤

X'mas soup
（圣诞夜汤）

#32 Spinach Soup
奶油菠菜汤
#33 Oyster Chowder
牡蛎牛奶浓汤
#34 Chili Beans
浓辣豆肠

#26 Gazpacho
红蔬冷汤

红蔬冷汤

材料 (8～10人份)
INGREDIENTS

黄瓜 cucumbers	1根
青椒 green peppers	1个
番茄罐头 tinned tomatoes	1罐
洋葱 onions	1个
青柠檬 lime	1个
大蒜 garlic	1头
面包 bread crumbs	少许
橄榄油 olive oil	适量
白葡萄酒醋 wine vinegar	2大勺
食盐 salt	适量

制作方法

①将蔬菜洗净，切小丁备用，
面包切小块加少量清水泡软。

②将面包水分挤干，与蔬菜丁、
番茄一起放进搅拌机，加入适量橄榄油、
白葡萄酒醋、食盐，然后搅拌均匀。

③在制好的蔬菜汤中以蔬菜丁点缀，
再加少许青柠檬汁调味即可。
如在汤中加入冰块，口感更加清凉爽味。

#27 Veggie Soup

蔬菜红汤

蔬菜红汤

材料(8～10人份)
INGREDIENTS

材料	用量
培根或肉片 bacon	60克
西芹 celery	1根
洋葱 onions	1/2个
土豆 potatoes	1个
西红柿 tomatoes	1个
胡萝卜 carrots	1/2个
番茄罐头 tinned whole tomatoes	1罐
大蒜 garlic	2瓣
鸡精块 chicken stock cubes	1个
辣椒粉 chili powder	1小勺
月桂叶 bay leaves	适量
法香 parsley	适量
橄榄油 olive oil	适量
食盐/白胡椒粉 salt & pewhite pper	适量

配菜的准备

将所有蔬菜切成丁备用。

制作方法

①在锅内倒入适量橄榄油，加大蒜末爆香后再放入培根(或肉片)、蔬菜丁、月桂叶和辣椒粉翻炒；

②待蔬菜炒熟后，再加番茄罐头及同等分量的清水、鸡精块，小火慢煮；

③约20分钟后加入食盐和白胡椒粉调味，即可盛盘，放法香末装饰。

MEMO

圆葱芝士汤

材料 (8～10人份)
INGREDIENTS

洋葱 onions	5个
黄油 butter	50克
鸡精 chicken soup stock	少许
大蒜 garlic	1头
面包 bread	适量
马苏里拉芝士 mozzarella cheese	适量
牛尾汤 oxtail soup	适量
法香 parsley	少许
食盐/白胡椒粉 salt & white pepper	适量

制作方法

①在锅中放入黄油，待其熔化后放入蒜末和洋葱丝翻炒，加食盐、白胡椒粉和鸡精调味。

②将洋葱炒制成泥状后，加入适量牛尾汤，以文火煮制10分钟备用。

③将步骤②的洋葱汤盛入烤盆内，再加入面包和马苏里拉芝士，放入烤箱内以上下火170℃烤制20分钟左右，取出以法香末点缀即可。

#28 Onion Gratin Soup
圆葱芝士汤

28|Onion Gratin Soup 圆葱芝士汤

#29 Red Cabbege Soup
紫蔬奶油汤

紫蔬奶油汤

材料(4人份)
INGREDIENTS

紫甘蓝 red cabbage	1/4个
洋葱 onions	1个
小泥肠 sausages	3～4个
豌豆 green peas	适量
胡萝卜 carrots	1个
鸡精块 chicken stock cubes	1个
牛奶 milk	400毫升
淡奶油 fresh cream	100毫升
酸奶油 sour cream	适量
月桂叶 bay leaves	适量
食盐/胡椒粉 salt & pepper	适量

制作方法

①将紫甘蓝在开水中焯熟。

②把焯好的紫甘蓝放入食品搅拌机中打成蔬菜泥。

③将蔬菜泥倒入锅内加适量开水，加入洋葱丁、胡萝卜丁、小泥肠，以鸡精块调味，小火慢煮约15分钟，加入盐和胡椒粉调味。

④锅内加牛奶、淡奶油后煮开。

⑤把煮好的汤盛入盘中，以焯熟的豌豆及酸奶油装饰摆盘即可。

MEMO

Halloween soup 1（万圣夜汤）

#30 Pumpkin Soup 南瓜浓汤

南瓜浓汤

材料（4人份）
INGREDIENTS

南瓜 pumpkin	2个
牛奶 milk	500毫升
马苏里拉芝士 mozzallera cheese	50克
法香 parsley	适量
鸡精 chicken soup stock	适量
食盐/白胡椒粉 salt & white pepper	适量

制作方法

①2个南瓜用保鲜膜包好放入微波炉内，以高火加热5分钟左右。
取出后掏空中间的南瓜籽瓤，将其中一个切块备用。

②锅中放黄油，待其熔化后放入洋葱丁翻炒，再加入南瓜块、
牛奶，以文火煮5分钟左右，
放鸡精、食盐和白胡椒粉调味，制成奶油浓汤。

③将步骤②南瓜奶油浓汤倒入备好的南瓜内，
上面码放马苏里拉芝士，
放入烤箱内以170℃上下火烤制10分钟即可。

Halloween soup 2（万圣夜汤）

#31 Eye-popping Soup

醒目番茄汤

醒目番茄汤

材料（2人份）
INGREDIENTS

番茄罐头 tinned whole tomatoes	1罐
马苏里拉芝士 mozzarella cheese	适量
鸡精 chicken stock cubes	少许
西芹 celery	1根
黑橄榄 black olives	6颗
红彩椒 red paprikas	1个
盐 salt	适量
白胡椒粉 white pepper	适量

配菜的准备

1. 将西芹、红彩椒切成大块。
2. 在芝士中挖出小洞，
将黑橄榄塞入，
黑橄榄芯里塞入切好的红彩椒装饰。

制作方法

①把番茄罐头倒入锅中，
另加入同等分量的清水，
再加适量鸡精与西芹、红彩椒，煮15分钟。

②煮好的蔬菜倒入食品加工机中打成蔬菜泥。

③蔬菜泥倒入锅中，以小火煮10分钟。
装盘时加入红芯黑橄榄点缀。

X'mas soup（圣诞夜汤）

#32 Spinach Soup

奶油菠菜汤

奶油菠菜汤

材料（4人份）
INGREDIENTS

菠菜 spinach	1把
鸡精 chicken stock cubes	适量
牛奶 milk	600毫升
鲜奶油 fresh cream	100毫升
南瓜 pumpkin	1/4个
法香 parsley	适量
食盐/白胡椒粉 salt & white pepper	适量

配菜的准备

将南瓜切块，煮熟备用

制作方法

①将菠菜焯熟切成寸段，用食品加工机打成蔬菜泥。

②取适量鸡精、食盐以开水溶开备用。

③将菠菜泥倒入锅中，加适量牛奶以小火加热(不要让牛奶沸腾)，加食盐、白胡椒粉调味后出锅。

④盛入汤盘后以鲜奶油、煮熟的南瓜块、法香装饰。

牡蛎牛奶浓汤

材料(8~10人份)
INGREDIENTS

牡蛎 oyster	150克
洋葱 onion	1/2个
土豆 potato	1个
胡萝卜 carrot	1个
甜玉米粒 sweet corn	50克
牛奶 milk	250毫升
黄油 butter	1大勺
白葡萄酒 white wine	1大勺
面粉 flour	50克
淡奶油 fresh cream	100毫升
柠檬汁 lemon juice	适量
法香 parsley	少许
清水 water	适量
食盐/胡椒粉 salt & pepper	适量

配菜的准备

1. 牡蛎用盐水洗净。
2. 将洋葱、土豆、胡萝卜切小块，法香切末。

制作方法

①锅中倒入水和白葡萄酒，水开后焯熟牡蛎。
将牡蛎肉和煮牡蛎汤汁分开放置。

②锅中放黄油，待黄油熔化后炒熟洋葱，再筛入面粉炒匀；放入步骤①的牡蛎汤汁与土豆块、胡萝卜块、甜玉米粒，以文火煮15~20分钟。

③将步骤①焯好的牡蛎肉和牛奶、柠檬汁、淡奶油一起加入步骤②的汤中，拌匀后离火。加法香末调味即可。

#33 Oyster Chowder
牡蛎牛奶浓汤

#34 Chili Beans
浓辣豆肠

材料 (8～10人份)
INGREDIENTS

黄豆 soy beans	100克
肉馅 minced meat	200克
番茄罐头 tinned whole tomatoes	1罐
洋葱 onion	1个
西芹 celery	1根
香肠 sausage	5个
大蒜 garlic	2瓣
辣椒粉 red chili powder	1小勺
月桂叶 bay leaves	适量
法香 parsley	适量
酸奶油 sour cream	适量
红葡萄酒 red wine	适量
食盐/胡椒粉 salt & pepper	适量

制作方法

①在锅中倒色拉油，放大蒜爆香，然后放入洋葱、肉馅炒熟，加入西芹翻炒，倒入番茄罐头及2倍分量的清水，把大豆、鸡精、辣椒、月桂叶加入锅内煮40分钟。

②最后放香肠煮约5分钟盛盘，放酸奶油和法香调味装饰。

MEMO

计量器具的使用方法

为什么要计量?

要想掌握料理烹饪的艺术，第一步就是先从计量开始的。所谓计量，就是使用量勺或量杯，根据食谱的分量记载，对食材或调味料进行称量。一道菜肴的成功与否，除了食材的选择、烹饪的火候之外，调料的运用也非常重要。每一份材料、水或是调味料都先由一个容器严格精确计量，不仅可保障菜品的纯正，也会让烹调更加细致美味，色味俱全。

量勺

在称量小计量的粉末或液体等材料时，可使用量勺，准确而方便。

大勺——15毫升

小勺——5毫升

称量液体●— 酱油、醋等

量勺保持水平。正确的量勺使用方法是：用勺装满物品，持平。持平后勺内盛下的液体即是你所需要的量。

称量粉末●— 砂糖、盐等

量勺是称量体积的器具，粉末类调料因没有固定的形状，装得满不满、紧实不紧实，都直接影响称量物品的重量。持平量勺后，用平坦的刀背沿勺边刮平，此时勺内所盛下的粉量就是你所需要的。在称量粉类时，不要把粉压实了再量或边量边压实，这样都会影响到准确度。

量杯

称量液体的体积时，应使用量杯，确保配比的准确性。

量杯——200毫升

*本书中所提及的1量杯均为200毫升。

电饭锅附带的计量单位一般为180毫升（1盒）。

称量液体●— 高汤、水、牛奶等

计量之前，先将量杯置于平整的桌面上，将需要的分量盛入量杯，目测其刻度。

称量粉末●— 面粉等

计量固态的材料时，请保证量杯处于水平状态，倾斜或多或少会影响称量的准确度。

食品、调味料	小勺(5毫升)	大勺(15毫升)	量杯(200毫升)
水	5g	15g	200g
绵白糖	3g	9g	110g
白砂糖	4g	13g	170g
粉糖	2g	7g	90g
食盐	5g	15g	210g
面粉(高筋粉)	3g	8g	105g
面粉(低筋粉)	3g	8g	100g
干酵母	3g	9g	-
苏打粉	3g	9g	120g
植物油(色拉油)	4g	13g	180g
黄油	4g	13g	180g
烤粉	4g	12g	-
土豆淀粉	3g	9g	110g
玉米淀粉	2g	7g	90g
脱脂奶粉	2g	6g	80g
牛奶	6g	17g	210g
奶油	5g	15g	200g
炼乳	7g	20g	270g
酸奶	5g	16g	210g
酸奶油	4g	13g	160g
芝麻	3g	9g	120g
面包粉	1g	3g	45g
西米露	3g	9g	120g
鸡蛋	6g	17g	222g
速溶咖啡	2g	6g	70g
红茶叶	2g	6g	70g
抹茶	2g	5g	70g
可可粉	2g	6g	80g
杏仁粉	2g	5g	70g
燕麦	2g	6g	70g
葡萄干	4g	12g	120g
蜂蜜	7g	21g	280g
咖喱粉	2g	7g	85g
沙拉酱	5g	9g	190g

INDEX

INDEX

MEMO

MEMO

MEMO

MEMO

MEMO

MEMO

PRECIOUS
MOMENTS
料 理 欢 乐 家
01 :
Salad
好色 · 沙拉
時尚
北京出版集团有限责任公司
北京出版社

PRECIOUS
MOMENTS
料 理 欢 乐 家
02 :
Soup
主菜&汤
時尚
中国旅游出版社

更多新书，敬请期待……

责任编辑：王欣艳
特约编辑：王春泓 王晓琦
版式设计：B广告设计工作室
美术编辑：郝屹林

图书在版编目（C I P）数据

食色·主菜&汤 : 味蕾上的视觉飨宴 /(日) 田井典子,（日）石井阳子著. -- 北京 : 中国旅游出版社, 2012.8

ISBN 978-7-5032-4478-0

Ⅰ. ①食… Ⅱ. ①石… ②田… Ⅲ. ①菜谱－日本 Ⅳ. ①TS972.183.13

中国版本图书馆CIP数据核字(2012)第162858号

书　名：食色·主菜&汤 : 味蕾上的视觉飨宴
作　者：（日）田井典子 Noriko Tai （日）石井阳子 Yoko Ishii
摄　影：梅国瑾 学小星
策　划：北京时尚博闻图书有限公司
　　　　http://book.trends.com.cn
出版发行：中国旅游出版社
　　　　（北京建国门内大街甲9号 邮编：100005）
　　　　http：// www.cttp.net.cn E-mail：cttp @ cnta.gov.cn
营销中心电话： 010 - 85166503
印　刷：北京利丰雅高长城印刷有限公司
版　次：2012年8月第1版 2012年8月第1次印刷
开　本：889mm*1194mm 1 /20
印　张：5.5
字　数：20千字
定　价：48.00元
I S B N　978-7-5032-4478-0